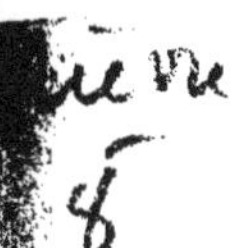

LOGE L'HUMANITÉ
O.·. DE NEVERS
Sous les auspices du Grand Orient de France

HISTOIRE
DES
EMPOISONNEMENTS
PAR LE
F.·. ERNEST BARILLOT

PRIX : 1 FR. 50
AU PROFIT DES ŒUVRES MAÇONNIQUES
(S'adresser au Trésorier)

NEVERS
IMPRIMERIE NIVERNAISE, 5, RUE VAUBAN
—
1893

LOGE L'HUMANITÉ
O∴ DE NEVERS
Sous les auspices du Grand Orient de France

HISTOIRE
DES
EMPOISONNEMENTS

PAR LE

F∴ ERNEST BARILLOT

PRIX : 1 FR. 50

AU PROFIT DES ŒUVRES MAÇONNIQUES

(S'adresser au Trésorier)

NEVERS

IMPRIMERIE NIVERNAISE, 5, RUE VAUBAN

1893

OUVRAGES & PUBLICATIONS

DE L'AUTEUR

1887 Action de l'acide sulfurique sur les mélanges de morphine et d'acide bibasique. (Académie des Sciences, 14 novembre.)

— Sur un dérivé bleu de la morphine. (Académie des Sciences, 21 novembre.)

— Recherche toxicologique de la morphine. (Archives de pharmacie, Paris, p 530.)

1888 Chimie organique. Méthodes générales d'analyse, 1 vol. in 16, 300 pages. O. Doin, éditeur, Paris.

— Contribution à l'étude des moyens proposés pour l'assainissement des villes. (Académie des Sciences, 2 juillet.)

— Recherches sur l'épuration et l'utilisation des eaux vannes. 1 vol. in 8°. Hugonis, Paris.

1889 Sur les falsifications du lait dans Paris. Congrès de chimie 1889 (1)

— Méthode pour la recherche du vinage des vins, Congrès de chimie 1889.

— Manuel de l'analyse des vins. — Dosage des éléments naturels. Recherche analytique des falsifications. — Figures. 1 vol. in-8°, chez Gauthier-Villars, éditeur. Paris.

1892 Méthode de dosage des impuretés dans les méthylènes. (Académie des Sciences, Décembre.

1893 Traité de chimie légale, 1 fort vol. grand in-8°, *sous presse*, chez Gauthier-Villars, éditeur, Paris.

(1) Les précédentes publications sont faites en collaboration avec M. P. Chastaing, professeur agrégé à l'École supérieure de pharmacie, pharmacien en chef des hôpitaux.

AVANT-PROPOS

Vénérable Maitre,

Chers Frères,

Il y a quelques années, alors que je n'avais pas le bonheur d'être au milieu de vous, alors même que l'espoir de revenir dans notre cher Nivernais ne pouvait point raisonnablement venir à mon esprit, je continuais près d'éminents maîtres (MM Wurtz, Berthelot, Schützenberger, Chastaing) les études chimiques qui ont eu pour berceau le bien modeste laboratoire du Lycée de Nevers.

Pendant dix années, près de ces savants désintéressés et dévoués, il m'a été donné, grâce à l'aide seule de mes chers parents, il m'a été donné, dis je, d'étudier les diverses parties de la chimie et deux particulièrement : l'*Analyse chimique*, la *Chimie organique*, que m'avait déjà appris à aimer mon premier maître et ami, notre frère Soudais, lorsque jeune lycéen je manifestais un goût prononcé pour la merveilleuse Science chimique.

Dans les dernières années de mes études à Paris, je me suis occupé d'une façon spéciale de diverses questions de chimie légale, soit générales, soit particulières.

A la suite de ces recherches, j'entrepris la publication d'un ouvrage assez considérable sur ces sujets.

Après avoir consacré plusieurs années à ce long travail, j'aurai bientôt le plaisir de vous le présenter.

Dès maintenant, je pense vous être agréable, chers Frères, en vous résumant quelques passages de cette publication, car au cours de recherches historiques concernant les empoisonnements, j'ai constaté, sans aucun étonnement croyez-le, que le clergé de l'antiquité, du moyen âge, du XVe siècle, usait largement de tous les moyens propres à perpétrer des œuvres criminelles, que ce clergé ne reculait, à cette époque, comme encore aujourd'hui, devant aucun crime ; que le plus souvent ces vils hommes choisissaient le moyen représentant la fourberie et la lâcheté qu'ils incarnent : l'empoisonnement.

Que pourrais-je ajouter aux faits historiques que je vais énumérer avec impartialité ?

Rien, si ce n'est que des faits de ce genre se passent encore dans les repaires qui donnent asile aux représentants des crimes de tous genres : aux curés de tous ordres.

E. BARILLOT.

Prémery, Avril 1893.

HISTOIRE

DES

EMPOISONNEMENTS

L'empoisonnement par *l'arsenic* est certainement le plus fréquent qui ait été rencontré jusqu'à ces dernières années.

Sous le nom d'*arsenic* le vulgaire entend : l'acide *arsénieux* $(As^2 O^3)$ que l'on délivre assez facilement, trop facilement même, sous forme de farine blanche, pesante, pour détruire les animaux nuisibles.

Souvent l'acide arsénieux, délivré dans le but de détruire les renards, loups, rats, etc..., en quantité assez grande, sur simple autorisation d'un maire ignorant, tombe entre les mains de misérables qui, dans un but de vengeance ou de cupidité, l'emploient à la destruction de leurs semblables.

Dès la plus haute antiquité l'arsenic fournit aux criminels le moyen de se débarrasser sûrement de gens qu'ils avaient intérêt à faire disparaître.

Dioscoride, médecin célèbre de l'antiquité, indique déjà les symptômes observés après l'ingestion de l'arsenic : *douleurs dans les intestins qui sont fortement corrodés*, et indique comme contre-poison les adoucissants : riz, mauve, lin, etc.

La majorité des crimes monstrueux commis au moyen de l'arsenic ont été consommés par des femmes, par des veuves, par leurs amants qu'elles avaient transformés en complices.

Nous allons passer très rapidement en revue l'histoire des crimes célèbres commis au moyen de l'arsenic.

Sans nous arrêter aux légendes invraisemblables de Calpurnéus qui, paraît-il (?), tuait ses femmes en leur introduisant *digito interficiat uxores*, de l'arsenic dans les parties sexuelles ; laissant de côté la légende de Ladislas, roi de Naples, empoisonné par ses rapports avec une maîtresse qui aurait subi une opération comme celles que pratiquait Calpurnéus, nous arrivons aux tristes réalités.

Nous voyons florissant, surtout en Italie, l'empoisonnement par l'arsenic.

Sous la république romaine, les empoisonnements deviennent d'une fréquence qui attire l'intention des pouvoirs publics. Des *dames* romaines, dit Titelive (an 423), se réunissaient au nombre d'une vingtaine pour composer des breuvages, qualifiés remèdes, destinés à faire disparaître les gens incommodes, leurs maris, les personnes dont elles pouvaient recueillir la succession. Condamnées par le procès à boire leurs fameux remèdes, elles en moururent toutes.

Au sortir des guerres civiles, soit deux siècles plus tard, les empoisonnements reparaissent dans les mœurs à Rome, et Sylla prend des dispositions pénales sévères concernant les empoisonnements.

Vers l'an 68, sous les premiers empereurs l'empoisonnement devint un art entre les mains de Locuste puis de Canidie.

Les empereurs et leur entourage font des orgies de poisons, faisant disparaître les ennemis gênants, les amis riches, pour leur confisquer leurs biens.

Sous cette royale protection, d'innombrables et abominables crimes sont commis tous les jours et les empereurs eux-mêmes trouvent la fin de leurs crimes par le poison dont ils se sont tant servi.

Les crimes commis sous le règne d'Alexandre IV sont encore plus fréquents que par le passé. Alexandre IV et les Borgia, (César et Lucrèce), enfants putatifs d'Alexandre IV et d'une fille Rosa Vanozza, se livrent à la préparation et à l'emploi des poisons avec une faroucherie sans bornes, mais ils trouvent la mort de la même façon que leurs victimes.

Beaucoup de Papes succombèrent empoisonnés, victimes de subalternes qui avaient intérêt à les faire disparaître : tel fut le sort de Léon X.

Plus récemment, le Pape Pie IX dut se mettre en garde contre des attentats de ce genre.

La fameuse *aqua Toffana* ou *aquetta* inventée vers le milieu du XVII⁰ siècle par une italienne nommée Toffana était, dit Carelli, une dissolution d'acide arsénieux dans l'eau distillée de Cymbalaire.

La Toffana communiqua à la Spara, vieille mégère empoisonneuse, le secret de cette préparation, elle fonda à Naples, à Palerme, des sociétés de jeunes veuves dont elle était présidente et qui, d'après ses conseils, préparaient du poison destiné à dissiper rapidement les querelles matrimoniales en supprimant l'un des époux.

La Toffana, retirée d'un couvent pour subir la torture, avoua avoir empoisonné six cents personnes dont les Papes Pie III et Clément XIV.

Un autre poison violent était *l'aquetta de*

Peruzia, macération d'arsenic dans des matières en putréfaction.

Le poison vint bientôt élire domicile à la cour de Louis XIV et l'on vit en 1666 Marguerite d'Aubray, marquise de Brinvilliers, commettre, de concert avec son amant Sainte-Croix, une série d'ignobles crimes au moyen de l'acide arsénieux. Cette femme, de haute distinction, couvrait ses crimes par un étalage exagéré de dévotion, elle confessait chaque jour et soignait souvent les malades malheureux sur lesquels elle essayait aussi ses poisons.

Sainte-Croix, amant de la Brinvilliers, tenait ses connaissances toxicologiques d'un italien nommé Exili qu'il avait connu à la Bastille.

Leur peine terminée, Sainte-Croix et Exili, avec le concours d'un apothicaire nommé Glazer, (demeurant faubourg Saint-Germain), se mirent à préparer les poisons.

La Brinvilliers fut exécutée le 17 juillet 1676 sur la place de Grève, mais elle laissa de nombreuses élèves.

L'empoisonnement devenait tellement terrifiant à Paris que l'on ouvrit une chambre spéciale dite *ardente, chambre des poisons* (1) qui, de 1660 à 1662, jugea 220 coupables dont 138 femmes.

____

(1) Sous la présidence du lieutenant de police La Reynie.

A cette époque, une Locuste française, La Voisin et ses complices, préparaient, pour perpétrer ces crimes, *la poudre de succession*; les buts de cette association étaient multiples : en plus de leurs qualités de sorcières, devineresses, etc., elles faisaient avorter, supprimaient un mari, une épouse, ouvraient une succession, débarrassaient un ambitieux d'un plus ambitieux que lui.

La Voisin avait comme principale complice *la Labosse*, femme d'abord persécutée par le clergé pour ses coutumes de sorcellerie, mais qui, bientôt, put, grâce aux révélations faites au clergé de ses connaissances toxicologiques, continuer ses opérations en toute sécurité ; elle dit, du reste, textuellement dans sa défense : « Des missionnaires me persécutèrent d'abord pour ces pratiques : mais ayant eu l'occasion de rendre compte de mon art à messeigneurs les grands vicaires pendant les vacances du siége de Paris, je *n'ai pas été inquiétée depuis.* »

Elle vendait au clergé et à la noblesse des poudres d'amour, d'autres remèdes, aussi jouissait-elle d'une immunité presque *parlementaire.*

Cependant, convaincue d'avoir avec trois prêtres et un duc trafiqué de la *Poudre de Diamant,* de pavot, de l'arsenic et du sublimé corrosif, elle fut jugée avec ses quatre complices par la Chambre des poisons. Cette Chambre finit enfin par désarçonner et dissiper ces empoisonneurs.

Beaucoup plus tard apparaissent quelques empoisonnements par l'arsenic, mais isolés, et nous arrivons aux chiffres suivants dressés par M. le docteur Lacassagne, de Lyon.

1835 à 1840.	.	110	empoisonnements par l'arsenic.
1840	1845.	.	168 —
1845	1850.	.	179 —
1850	1855.	.	169 —
1855	1860.	.	92 —
1860	1865.	.	37 —
1865	1870.	.	36 —
1870	1875.	.	13 —
1875	1880.	.	19 —
1880	1885.	.	13 —

A mesure que les méthodes de chimie légale se développent, permettent de retrouver avec certitude la trace palpable des crimes, on abandonne l'arsenic; disons aussi qu'en même temps, de nouveaux toxiques sont découverts, que les criminels les emploient de préférence à l'arsenic pensant, souvent avec raison, qu'ils seront plus facilement introuvés.

Une cause célèbre, l'affaire Lafarge, vient

en 1840 appeler l'attention de l'Europe entière sur la recherche de l'arsenic dans les cadavres.

Les débats devant la Cour d'assises de Tulle, ouverts le 8 septembre, mettent en lumière l'emploi jusqu'alors peu connu de l'appareil de Marsh. Une première fois des médecins de Tulle, sur les indications d'Orfila, firent fonctionner cet appareil et conclurent à l'absence d'arsenic dans les viscères de M. Lafarge.

L'accusation fit de nouveau exhumer le cadavre de M. Lafarge et ordonna que l'expertise fût confiée à Orfila lui-même, auquel on adjoignit deux autres chimistes, Devergie et Chevalier.

Orfila arriva seulement avec son préparateur, M. Bussy, et le 13 juillet, devant un auditoire suspendu à ses lèvres, il déclara :

1° Je démontre qu'il existe de l'arsenic dans le corps de M. Lafarge ;

2° Que cet arsenic ne provient pas des réactifs avec lesquels j'ai opéré, ni de la terre du cimetière, etc...

L'arrêt de Mme Lafarge était assuré, elle fit demander Raspail qui n'arriva qu'après l'arrêt rendu (1) ; il déclara, d'après les pièces

---

(1) Une satyre du temps dit :

      ..... Et quand Raspail arriva,
      Orfila. . . . . fila.

à conviction déposées par Orfila, qu'il n'y avait que des quantités impondérables d'arsenic, qu'il n'y avait que des proportions d'arsenic équivalentes à celles que l'on trouve en tout et partout, même dans le *fauteuil du président.*

En 1843, dans l'affaire de Mᵉ Lacoste, on cherche à suivre les idées de Raspail. Cette femme, accusée d'avoir empoisonné son mari, vieux et souffreteux, est acquittée sur la déposition de Devergie, soutenant la présence normale de l'arsenic dans le corps humain.

En 1851, la femme Hélène Jegado est condamnée (Rennes) convaincue d'avoir empoisonné 26 personnes, et d'avoir tenté d'en empoisonner huit autres encore.

Comme on le voit par cet exposé, ce sont les femmes qui, jusqu'ici ont surtout usé de l'arsenic dans un but criminel, soit dans un but de vengeance, soit par cupidité, soit par la perverse complicité dont seule la femme sait se pénétrer lorsqu'elle l'accepte.

Aujourd'hui, les empoisonnements par l'arsenic sont devenus plus rares ; cependant dans les campagnes, où l'on se procure facilement ce poison, les empoisonnements ne sont pas aussi rares que l'on pourrait le supposer et peuvent facilement passer inaperçus.

La recherche de l'arsenic est aujourd'hui, perfectionnée grâce aux travaux de Thénard, Balard, Chancel, Frésénius, etc..., sur l'analyse chimique générale, on peut arriver à déterminer d'une façon mathématique la dose du toxique trouvé dans les matières soumises à l'examen.

Cette proportion seule est à prendre en considération.

Il me serait facile de faire l'histoire des divers poisons, ainsi que je viens de le faire pour l'arsenic ; mais, chers Frères, je ne veux pas abuser de la bienveillante attention que vous m'accordez.

Pour terminer, je vous lirai un extrait des œuvres d'Ambroise Paré, cette sommité médicale qui fut le trait d'union entre la médecine antique empirique et la médecine actuelle, peut-être trop scientifique. Si les curés usèrent largement du poison, quelquefois leurs vices ou simplement le « besoin naturel » contre lequel les religieux ont prétendu se révolter par un serment de chasteté, leur ont attiré de graves désagréments.

Lisons le traité d'Ambroise Paré : *Des Venins*, livre XXI, 12e édition, page 500.

Un abbé de moyen-âge, estant en cette ville pour solliciter un procès, sollicita pareillement une femme honeste

de son métier, pour deviser une nuict avec elle, si bien
que marché fait, il arriva en sa maison Elle recueillit
M. l'abbé amiablement, et le voulant gratifier, luy donna
pour sa collation quelque confiture, en laquelle y entroient
des cantharides, pour mieux l'inciter au déduit vénérique.
Or, quelque temps après à savoir le lendemain, les accidens que t'ay par cy-devant déclarez advindrent à M. l'abbé,
et encore plus grands, parce qu'il pissoit et iettoit le sang
tout pur par le siège et par la verge (1). Les médecins
estant appelez, voyant l'abbé a oir tels accidens, avec
érection de verge, cogneurent à le voir, qu'il avoit pris
des cantharides. Ils lui ordonnèrent des vomitoires et
clystères faits d'orge mondé, de riz et de décoction de
manne, semence de lin, de fenugrec, d'huile de lys, suif
de bouc ou de cerf, et puis après un peu de thériaque
mixtionnée avec conserve de roses, pour faire sortir le
poison dehors Pareillement on luy donna à boire du laict,
et on luy en fict aussi des injections en la verge et aux
intestins, avec autres choses réfrigérantes, glaireuses et
gluantes, pour cuider, obtundre et amortir la virulence et
malignité du venin. Or, son boire estait eau d'orge et
pti anne ; son manger estoit poulailles, veau, chevreau,
cochon gras bouillis avec laictues, pourpier, manne,
violier de mars, orge, lesquels aliments luy estoient aussi
médicamens, tant pour lascher le ventre, que pour
adoucir et seder les douleurs de l'acrimonie du venin ; et
sur la région des reins, lumbes et sur le périneum, mit
plusieurs choses réfrigérantes et humectantes Davantage,
il fut baigné pour cuider, donner issue au venin par les
pores du cuir : mais pour tous ces remèdes faicts selon
l'art, M. l'abbé ne laissa de mourir avec gangrène de la
verge. Et partant, je conseille à telles dames ne prendre
de telles confitures, et moins encore en donner à homme
vivant, pour les accidens qui en adviennent

Après avoir développé devant vous les
divers points historiques capables de mettre

---

(1) Ces accidents étaient une vive douleur dans l'estomac et dans le
vessie, un flux du ventre semblable à celui des dyssentériques, una
fièvre ardente, des vertiges, etc.

en lumière le maximum de criminalités
auquel sont arrivés les curés dans l'antiquité, je vous demande encore quelques
instants d'attention pour me permettre de
passer en revue, de *minima* à *maxima*, tous
les crimes dont les curés sont coutumiers.

Le vol est pour cette secte noire la principale et la plus fructueuse ressource, c'est
le mobile de toutes ses actions.

Dévaliser le mortel pour être agréable à
l'Immortel, toujours par l'intermédiaire du
curé, (qui serait bien embarrassé pour
adresser à l'Éternel les fonds volés aux im-
béciles, — aussi les garde-t-il.)

Pour voler mieux, détruire l'esprit de
famille, détruire l'amour conjugal, l'amour
filial, n'est-il pas le meilleur moyen ? Isoler
l'homme des chers êtres pour lesquels il a
travaillé ou pour lesquels il travaillera,
brouiller le père avec le fils, ne sont-ils pas
des moyens certains d'arriver à jeter les
gens éperdus dans les « bras consolateurs
de la religion ».

Saint Augustin, parlant du mariage, dit :
« Que la volupté est de soi mauvaise et que
le mariage n'est pas un bien ». Quant à
Jésus (lui-même) il dit : « Je suis venu mettre
la division entre le fils et le père, entre la fille
et la mère, entre la belle fille et la belle mère. »
Voyez saint Mathieu, tome x, page 35.

Et dans quel but ?

Dans le but certain de détruire la famille, pour mieux voler l'argent et l'amour. Pourquoi, du reste, tant de ménages sont-ils très rapidement en état de désagrégation ? A cela, avec Edgar Monteil, je réponds :

« C'est que les ménages catholiques sont des ménages à trois : le mari, la femme et le confesseur, et c'est ce dernier, c'est ce directeur spirituel qui conduit le ménage, lui dont l'éducation a été dirigée dans l'horreur de la famille ! C'est lui qui pénètre jusque dans les plus sacrés mystères du toit conjugal et qui, souillant la femme des questions apprises dans ses cours de diaconat, règne en souverain maître dans la maison catholique. Alors la famille a cessé d'exister parce qu'un voleur d'amour a allongé sa main entre des lèvres qui se donnaient le baiser des époux... »

C'est donc aux pères de familles à ne pas jeter leurs charmantes fillettes en pâture aux monstres ensoutanés.

La *lubricité* qui a pour conséquence *le viol* et *les attentats à la pudeur*, est l'apanage des curés. Vous avez vu, hélas ! mes chers frères, car la plupart de vous ont été membres du Jury aux Assises de la Nièvre, chas-ieux et lubriques, à la figure hâve, vous avez vu cette légion d'abbés (1), aux yeux prototypes personnifiant le vice, condamnés pour avoir empoisonné l'existence de jeunes êtres innocents, fait que je considère comme plus grave que s'ils leur avaient donné la mort.

Glissons sur ce sale terrain. Vous êtes témoin, depuis plus longtemps que moi, des ignobles attentats commis dans la Nièvre par les curés. Le crime a été puni, à nous de chercher à l'éviter dans l'avenir d'une façon bien simple : en éloignant de la femme, de la jeune fille, du petit garçon : le curé.

J'estime encore un peu l'abbé d'Ambroise Paré qui, reconnaissant que ses serments sont contre nature « sollicita une femme honneste de son métier pour deviser une nuict avec elle. » Mais l'innommable abbé criminel qui souille, mutile et meurtrit à tout jamais de jeunes enfants, devrait être puni de mort.

L'avortement et *l'infanticide* sont certainement fréquents dans les couvents, car comment admettre scientifiquement que de jeunes abbés, bien gras et bien dodus, en contact journalier avec de jeunes « pénitentes » n'accomplissent pas, sous l'œil

(1) Alexandrin et Ugolin. Genet. etc.

bienveillant du Créateur, l'œuvre de création? — ce que font les simples animaux. Alors il n'est pas douteux qu'il peut résulter de ces contacts intimes, un garçon ou une fille, or on ne voit jamais rien ! C'est donc que des manœuvres abortives interviennent pour faire disparaître le fruit de ces irrégulières amours.

Au reste, bien qu'il ne soit pas possible d'approuver l'avortement, je ne considère pas que la disparition des *métis* entre curés et béguines soit de nature à compromettre gravement l'état social.

Quant à l'empoisonnement commis par les curés, je pense m'être suffisamment étendu sur ce sujet principal de ma communication.

Merci, mes frères, de votre bienveillante attention; si cette communication vous a intéressé, je souhaite qu'il me soit donné encore souvent l'occasion de vous être agréable.

Ernest BARILLOT.